DE

L'ORIGINE DU SUCRE

DANS L'ÉCONOMIE ANIMALE;

PAR

M. POGGIALE,

Pharmacien en chef, Professeur de chimie à l'Ecole impériale de médecine
et de pharmacie militaires du Val-de-Grâce.

PARIS,

IMPRIMÉ PAR HENRI ET CHARLES NOBLET,

RUE SAINT-DOMINIQUE, 56

—

1855

ORIGINE

DU SUCRE DANS L'ÉCONOMIE ANIMALE,

PAR M. POGGIALE.

Le sucre se forme-t-il dans l'économie aux dépens des aliments azotés ou des matières grasses, à défaut d'aliments féculents? Se produit-il par l'action digestive, dans le foie ou dans le torrent de la circulation?

Telles sont les questions importantes que je me propose d'examiner dans ce mémoire.

Ce travail n'a pas été inspiré par les mémoires qu'on vient de communiquer à l'Académie des sciences, puisque mes premières expériences ont été faites en 1850.

Je raconterai les faits tels que je es ai observés; et si quelques uns d'entre eux étaient de nature à contrarier les résultats annoncés récemment, je le regretterais vivement, mais on comprendra, j'en suis sûr, que dans les recherches scientifiques, la vérité seule doit être notre guide.

Les aliments de l'homme et des animaux se composent de matières organiques azotées et non azotées, de matières grasses et de substances minérales. L'observation, et les recherches faites depuis vingt ans par les chimistes et les physiologistes les plus distingués, démontrent que les aliments azotés conservent les organes, produisent la force, et servent au développement des animaux; que les matières grasses, sucrées et amylacées ne sont, au contraire, que des aliments respiratoires, dont le carbone et l'hydrogène, en s'unissant à l'oxygène de l'air, entretiennent la chaleur animale.

Cependant cette théorie, qui est vraie dans sa généralité et qui a rendu à la physiologie d'éclatants services, n'est pas rigoureusement exacte. Si les aliments féculents se transforment facilement en sucre, il semble que les aliments azotés et les matières grasses peuvent, chez les animaux carnivores, fournir à leur tour ce principe.

I.

LE SUCRE PEUT-IL SE FORMER DANS L'ÉCONOMIE AUX DÉPENS DES MATIÈRES AZOTÉES OU DES MATIÈRES GRASSES ?

PREMIÈRE SÉRIE D'EXPÉRIENCES.

J'ai cru utile pour la science d'examiner cette question intéressante, en analysant attentivement le lait de quelques chiennes soumises successivement à divers régimes d'alimentation. J'ai suivi la même méthode d'analyse pour les différents échantillons de lait que j'ai examinés. Le lait a été évaporé au bain marie, et le résidu, desséché à 100° dans une étuve, a été traité par l'éther bouillant, afin de lui enlever toute la matière grasse.

En faisant évaporer la liqueur éthérée, on a obtenu la proportion de beurre.

Le résidu, soumis à l'action de l'eau bouillante acidulée par l'acide acétique, a cédé le sucre, les sels solubles et la matière extractive.

Enfin, la portion qui ne s'est pas dissoute par l'éther et par l'eau acidulée formait le caséum.

J'ai déterminé la proportion de sucre de lait, qui est l'objet principal de cette première série d'expériences, par la méthode que j'ai fait connaître il y a quelques années, et qui consiste à appliquer le procédé de M. Barreswil au dosage du sucre de lait. Cette

détermination peut être faite d'une manière rigou-
reuse, en se servant de la méthode que Gay-Lussac
a employée pour l'essai des potasses du commerce
et pour la chlorométrie.

Le procédé que j'ai mis en usage se compose :

1° De la préparation de la liqueur d'épreuve ;

2° De la préparation du petit lait ;

3° De l'essai du petit lait ou de la décoloration de la
liqueur d'épreuve.

En préparant la liqueur d'épreuve avec les substances suivantes :

Sulfate de cuivre pur et cristallisé....	10	grammes.
Bi-tartrate de potasse cristallisé......	10	—
Potasse caustique....................	30	—
Eau distillée........................	200	—

on obtient une solution dont 20 centimètres cubes
correspondent à 0,185 milligrammes de sucre de lait.
Le titre de cette liqueur a été vérifié, du reste, pour
chaque expérience.

Il est utile, pour doser exactement le sucre de lait,
de séparer les matières grasses et le caséum par la
coagulation, et on y parvient aisément en mettant 15
ou 20 grammes de lait dans un petit ballon, en y ajou-
tant quelques gouttes d'acide acétique, et en élevant
la température jusqu'à 40 ou 50° centigrades; ensuite
on filtre. On a tenu compte, pour le dosage du sucre,
de la quantité de petit lait fournie par le lait examiné.
Ainsi, dans une des expériences qui seront rappor-
tées plus loin, 50 grammes de lait de chienne ont
donné 36,90 de petit lait.

Je me suis assuré que le beurre, la caséine, l'albumine et les sels du lait n'exercent pas d'action sen-
sible sur la solution cuivrique.

Lorsqu'on veut procéder à l'essai du petit lait, on
prend avec une pipette 5 ou 10 centimètres cubes de
liqueur d'épreuve, que l'on introduit dans un petit

ballon ; on élève ensuite, à l'aide d'une lampe, la température du liquide jusqu'à l'ébullition, et, au moyen d'une burette, on fait tomber, goutte à goutte, le petit lait dans la liqueur. On continue à verser le petit lait, jusqu'à ce que la teinte bleue ait complètement disparu. Lorsque l'opération est terminée, on lit sur la burette la quantité de petit lait employée pour la décoloration de la liqueur d'épreuve, et, au moyen d'une règle de proportion, on détermine le poids du sucre qui doit être rapporté au lait, en tenant compte des matériaux solides enlevés par la coagulation.

J'ai dosé, dans quelques expériences, le sucre en agissant directement sur le lait par le procédé de M. Rosenthal, médecin hongrois. Ce procédé, qui n'est du reste qu'une légère modification de celui que j'ai proposé, consiste à mesurer 5 centimètres cubes de lait, auxquels on ajoute 20 centimètres cubes d'eau. On agite bien, et on verse le liquide dans une burette.

On prend, d'un autre côté, 2 centimètres cubes de la liqueur d'épreuve, que l'on étend de 10 centimètres cubes d'eau. Ce mélange étant ensuite introduit dans un petit ballon, on le porte à l'ébullition, et on y fait tomber, goutte à goutte, le lait étendu, jusqu'à ce que la liqueur cuivrique soit complètement décolorée. Le précipité rouge qui se forme se sépare assez facilement, et on peut par ce moyen déterminer approximativement la proportion du sucre.

Première expérience.

On a analysé le lait d'une chienne de forte taille, nourrie sous mes yeux, au Val-de-Grâce, avec de la viande et du pain, et on a obtenu les résultats suivants :

Eau 73. 41
Matière grasse 8. 18
Caséum 13. 04
Sucre de lait 2. 89
Sels solubles et insolubles 2. 08
                                                  99. 60

La même chienne fut soumise ensuite au régime exclusif de la viande pendant vingt et un jours, et voici les faits qui ont été exactement recueillis.

La proportion de sucre s'abaissa à **2 grammes 13** pour cent le troisième jour, à **1 gramme 97** le cinquième jour, à **1 gramme 89** le sixième jour, et enfin elle a oscillé entre **1 gramme 73** et **1 gramme 92** jusqu'au vingt et unième jour.

On a fait alors l'analyse complète du lait, qui a donné :

Eau 71. 21
Matière grasse 12. 04
Caséum 12. 89
Sucre de lait 1. 82
Sels solubles et insolubles 1. 63
                                                  99. 59

On a pu sans danger faire varier l'alimentation de cette chienne, qui était très-robuste, et qui fournissait beaucoup de lait.

En comparant ces deux analyses, on voit que l'alimentation à la viande diminue la quantité de sucre de lait, mais que ce principe existe dans le lait en proportion notable.

On remarque en outre que, pendant plus de quinze jours, le chiffre représentant le sucre n'a presque pas varié.

Deuxième expérience.

La deuxième chienne sur laquelle j'ai opéré était également de forte taille, et a été nourrie au Val-de-

Grâce, pendant dix jours, seulement avec de la viande. Son lait, examiné tous les jours, contenait de 17 à 21 grammes de sucre pour 1000. Mais cette chienne de luxe n'ayant pas pu supporter l'alimentation exclusive à la viande, on l'a nourrie avec un mélange de viande, de pain et de bouillon, et la proportion de sucre n'a pas dépassé 29 grammes pour 1000.

Troisième expérience.

Une chienne robuste, donnant beaucoup de lait et aimant la viande, a reçu, sous ma surveillance, cette nourriture pendant dix-neuf jours. Un de mes élèves les plus distingués, M. Klein, a déterminé avec les plus grandes précautions, chaque jour, la proportion de sucre de lait, et voici les résultats qu'il a obtenus et que j'extrais de son cahier de notes :

MOIS DE FÉVRIER 1855.

JOURS DU MOIS.	SUCRE DE LAIT POUR 100 gr. DE LAIT.	OBSERVATIONS.
22	3. 32	
23	2. 90	
24	2. 29	Cette chienne a été nourrie au pain et à la viande jusqu'au 21 février.
25	2. 08	
26	1. 95	
27	1. 96	
28	1. 92	

MOIS DE MARS.

JOURS DU MOIS.	SUCRE DE LAIT POUR 100 gr. DE LAIT.	OBSERVATIONS.
1er	1. 84	
2	1. 88	
3	1. 81	
4	1. 90	
5	1. 83	
6	1. 83	
7	1. 86	
8	1. 89	
9	1. 62	
10	1. 91	
11	1. 61	
12	1. 93	

Quelques expérimentateurs très-habiles n'ont pas trouvé de sucre dans le lait des chiennes soumises au régime de la viande; cela tient uniquement au procédé plus délicat que, grâce aux progrès des sciences, j'ai pu employer.

DEUXIÈME SÉRIE D'EXPÉRIENCES.

Un chien adulte et bien portant fut nourri pendant quinze jours avec de la viande cuite. On eut recours aux inspirations de la vapeur de chloroforme pour produire l'anesthésie; on ouvrit l'abdomen, et on recueillit séparément du sang de la veine cave inférieure, du sang des veines hépatiques et du sang de l'artère crurale. On constata ensuite, par un procédé qui sera indiqué plus loin, les proportions suivantes de sucre pour 100 de sang :

	Sucre p. 100 de sang.
Sang de l'artère crurale	0,^{gr}055
Sang de la veine-cave............	0, 148
Sang des veines hépatiques	0, 153

Cette expérience, qui a été répétée trois fois, a donné des résultats analogues.

On a annoncé, dans ces derniers temps, que la viande contient du sucre, puisqu'elle renferme du sang ; mais aucune expérience directe n'a été tentée pour résoudre cette question, qui domine cependant toutes les autres.

J'ai donc dû aller au-devant du reproche qui pourrait m'être fait d'avoir donné du sucre aux animaux sur lesquels j'ai opéré, et j'ai exécuté pour cela les expériences suivantes :

A. On a coupé en petits morceaux trois kilogrammes de viande fraîche, et, après l'avoir hachée avec beaucoup de soin, on y a ajouté quatres litres d'alcool ; on a élevé la température du mélange à 50 degrés, et, après un contact de deux heures, on a passé à travers un linge bien lavé, puis on a filtré. La liqueur alcoolique a été ensuite évaporée jusqu'à siccité, et le résidu, redissous dans l'eau distillée, a été traité à chaud, avec les précautions connues, par le tartrate de cuivre potassique, sans que ce sel fût réduit.

B. On a ajouté à trois kilogrammes de viande fraîche quatre litres d'alcool et cinquante milligrammes de glucose, on a opéré comme précédemment, et on a pu non-seulement reconnaître, mais même déterminer approximativement, par la liqueur cuivrique, le sucre ajouté.

C. On a coupé en lanières un kilogramme de viande que l'on a desséchée à la température de 50 degrés, puis réduite en poudre, et traitée par l'alcool comme dans l'expérience A, et il a été impossible de constater la présence du sucre.

Dans une autre expérience, on a fortement acidulé la liqueur, et le résultat a été négatif.

D. On a fait bouillir pendant deux heures, dans l'eau distillée, six kilogrammes de viande coupée en petits morceaux, on a séparé la graisse, on a filtré, on a fait évaporer au bain-marie jusqu'à siccité, on a repris par l'eau, on a filtré, et le réactif de Frommersh n'a décelé aucune trace de sucre.

La décoction de viande a été également essayée avec le tartrate de cuivre et de potasse, mais sans succès.

Ces expériences démontrent que la viande ne contient pas une quantité appréciable de sucre, et que, par conséquent, elle ne fournit pas celui qu'on retrouve dans le lait et dans le sang. Je ferai d'ailleurs remarquer que les animaux sur lesquels ces expériences ont été exécutées, ont constamment été nourris avec de la viande cuite.

Les faits que je viens d'indiquer me permettent d'affirmer que le sucre peut se former aux dépens des matières azotées ou grasses. L'organisme, à défaut de substances amylacées ou sucrées, décompose les principes albuminoïdes et les transforme probablement en sucre, en urée et en d'autres produits qui sont brûlés. Les chimistes ont obtenu, depuis quelques années, un assez grand nombre de dédoublements qui nous permettent de comprendre la transformation des aliments azotés en substances ternaires.

Il paraît probable que les aliments féculents ou sucrés, les corps gras et les matières albuminoïdes peuvent, suivant la loi de Proust, se transformer les uns dans les autres. MM. Dumas et Milne-Edwards ont en effet prouvé que les abeilles transforment le sucre en cire ; M. Liebig a démontré que les carbures d'hydrogène produisent la graisse, et les expériences de MM. Boussingault et Persoz ne laissent aucun doute sur la conversion de l'amidon en graisse. Les matières albuminoïdes se dédoublent, sous l'influence des ferments, en ammoniaque et en acides butyrique et valérianique, et il est probable qu'elles concourent à la formation de la graisse des animaux. On sait que le sucre produit l'huile de pommes de terre, qui a tant d'analogie avec les corps gras, et qu'il donne, sous l'influence des matières protéiques, de l'acide lactique et de l'acide butyrique.

Il résulte de ces faits, que les animaux comme les végétaux peuvent, dans des circonstances déterminées, créer des principes immédiats, et que leur rôle ne consiste pas seulement à détruire ceux qui leur sont fournis par les végétaux.

II.

LE SUCRE EST-IL PRODUIT DANS L'ÉCONOMIE PAR LA TRANSFORMATION DES MATIÈRES AZOTÉES OU DE LA GRAISSE ?

J'ai démontré dans la première partie de ce travail que le sucre peut se former chez les animaux qui ne reçoivent pas d'aliments amylacés ou sucrés. Je me propose d'examiner maintenant si ce principe se produit par la transformation des matières azotées ou des matières grasses, et, pour l'étude de cette question, j'ai institué une nouvelle série d'expériences.

Première expérience.

Un chien a été nourri pendant dix jours avec un mélange de graisse de bœuf et de beurre ne renfermant aucune trace de sucre. On obtint l'insensibilité et le collapsus par l'application des inhalations du chloroforme, et, après avoir ouvert l'abdomen, on recueillit séparément :

1° Du sang de la veine porte au-dessous du foie ;

2° Du sang des veines hépatiques ;

3° Du sang de la veine cave inférieure.

On procéda à l'analyse, et l'on trouva :

	Sucre p. 100 gr. de sang.
Sang de la veine-porte...........	" "
Sang des veines hépatiques........	0, 146
Sang de la veine-cave inférieure...	0, 130

Deuxième expérience.

Un chien nourri pendant dix jours avec les fibres musculaires de la viande cuite et séparée avec le plus grand soin de la graisse, fut soumis à l'action du chloroforme. On dosa la quantité de sucre dans les produits suivants, et l'on trouva :

	Sucre p. 100 gr. de sang.
Sang de la veine-porte...........	" »
Sang des veines hépatiques........	0, 149
Sang de la veine-cave inférieure...	0, 128

Dans une autre expérience, faite récemment, on n'a trouvé que des traces de sucre dans le sang des veines hépatiques et de la veine cave.

Troisième expérience.

Un chien fut soumis à l'abstinence, pendant dix jours; on recueillit le sang de la veine porte, des veines hépatiques et de la veine cave inférieure, et on obtint les résultats suivants :

	Sucre p. 100 gr. de sang.
Sang de la veine-porte	» »
Sang des veines hépatiques	0, 013
Sang de la veine-cave inférieure...	Traces.

En rapprochant le résultat de ces trois expériences, on est tenté d'admettre que les matières grasses concourent avec les aliments plastiques à la production du sucre.

Mais si l'on réfléchit que la transformation de la graisse en sucre ne saurait s'expliquer dans l'état actuel de nos connaissances; que, d'un autre côté, la présence dans l'économie d'un aliment respiratoire abondant comme la graisse a pu, en quelque sorte, mettre le sucre existant ou formé par les tissus à l'abri de l'oxygène, on ne tarde pas à comprendre que de nouvelles recherches sont nécessaires pour résoudre ce problème.

Ce sera le sujet d'un second travail que j'aurai l'honneur de soumettre au jugement du Conseil de santé.

M. Lehmann, ayant observé que la fibrine disparaît dans le foie, a été conduit à admettre que le sucre se produit dans le foie par la fibrine et l'hématine; mais il reste encore à prouver par des expériences de laboratoire la formation du sucre avec les matières albuminoïdes.

III.

LA MATIÈRE SUCRÉE SE FORME-T-ELLE PAR L'ACTION DI-GESTIVE DANS LE FOIE OU DANS LE TORRENT CIRCULA-TOIRE ?

Dans une quatrième série d'expériences, j'ai recherché la source du sucre, question si controversée dans ces derniers temps.

La matière sucrée se forme-t-elle par l'action digestive, dans le foie ou dans le torrent circulatoire?

Le sang de la veine-porte des animaux nourris à la viande contient-il du sucre ?

En trouve-t-on une proportion plus considérable dans le sang des veines sus-hépatiques, et dans celui de la veine cave inférieure ?

Le sang artériel en renferme-t-il ?

Telles sont les questions importantes que j'ai cru devoir examiner, et qui se rattachent naturellement à mes premières expériences.

J'ai employé dans ces recherches d'abord le procédé proposé, il y a longtemps déjà, par M. Bernard, et qui consiste, comme on sait, à laisser coaguler le sang, à traiter le sérum par le tartrate de cuivre et de potasse, et à faire bouillir le mélange, afin de réduire le bi-oxyde de cuivre.

Cette méthode simple et rapide ne permet pas cependant de doser exactement le sucre, et elle a, en outre, l'inconvénient de s'appliquer à un liquide chargé de sels et d'albumine.

Pour avoir la quantité exacte de sucre, j'ai fait usage, dans ces derniers temps, de l'excellent procédé proposé par M. Figuier. Le sang défibriné et pesé a été mêlé avec trois fois son volume d'alcool à 90°. Au bout de huit à dix minutes, on l'a passé à travers un linge, on a exprimé, puis on a filtré le liquide. Celui-ci a été évaporé au bain-marie jusqu'à siccité, après l'avoir légèrement acidulé par l'acide acétique. On a

pesé le résidu de l'évaporation, ensuite on l'a repris
par l'eau distillée, et enfin la solution filtrée a été traitée par la liqueur cuivrique titrée pour déterminer la
proportion de glucose. Toutes les déterminations in-
diquées dans ce travail ont été obtenues par cette
méthode.

Première expérience.

Un chien adulte a été nourri, pendant huit jours,
au pain arrosé de bouillon gras. Après deux jours
d'une abstinence complète d'aliments, on lui a donné
un kilogramme de pain et de l'eau ; trois heures après
ce repas, on a employé le chloroforme pour produire
l'insensibilité et le collapsus ; on a ouvert l'abdomen,
et on a recueilli le sang de la veine porte, des veines
sus-hépatiques, de la veine cave-inférieure et de l'artère carotide, ainsi que les matières alimentaires
contenues dans l'estomac et dans l'intestin grêle.
On a eu le soin de placer convenablement des ligatures, afin d'obtenir ces différents sangs sans mélange. C'est ainsi que la veine porte a été liée avant
son entrée dans le foie, et que le sang des veines
hépatiques a été séparé de celui de la veine cave.

Les ligatures étant faites, on recueillit le sang des
vaisseaux en les incisant.

J'ai déterminé ensuite la quantité de sucre dans
tous ces produits, et voici ce que j'ai obtenu :

	Sucre p. 100 gr. de sang.
Sang de la veine-porte............	0, 322
Sang des veines sus-hépatiques	0, 327
Sang de la veine-cave inférieure ...	0, 103
Sang de l'artère carotide.........	0, 052

Les matières contenues dans l'estomac et dans l'intestin grêle renfermaient beaucoup de sucre.

J'ai fait trois expériences dans les mêmes conditions, et les résultats généraux n'ont pas varié.
Dans une de ces expériences, le sang de la veine porte

a fourni 262 milligrammes de sucre pour 100 de sang. Le sang des veines hépatiques 267 milligrammes, et le sang de l'artère épigastrique 132 milligrammes.

M. le professeur Lehmann a communiqué récemment à l'Académie des sciences des recherches sur la présence du sucre dans le sang de la veine porte des chiens nourris avec des substances végétales, et il résulte de ces expériences que la quantité de sucre y est si faible, que le dosage n'est pas possible.

Dans une expérience faite sur le sérum du sang d'un cheval nourri avec du son de seigle, de la paille hachée et du foin, il n'a trouvé que 0,005 pour 100 de sucre.

Ces résultats si extraordinaires sont en opposition avec les miens et avec les données générales de la science. J'espère que ces chiffres ne représentent pas les faits tels qu'ils ont été observés par le savant professeur, et que de nouveaux renseignements feront connaître la cause de cette erreur.

Deuxième expérience.

Un chien adulte et de forte taille fut soumis à l'action du chloroforme, le troisième jour d'une abstinence absolue, et on recueillit :

1° Du sang de la veine porte, après y avoir appliqué, avec les précautions connues, une ligature du côté du foie ;

2° Du sang des veines sus-hépatiques ;

3° Du sang de la veine cave inférieure ;

4° Du sang de l'artère crurale.

Je fis la détermination du sucre par le procédé que je viens d'indiquer, et j'obtins les résultats suivants :

	Sucre pour 100 gr. de sang.
Sang de la veine porte	0, 025
Sang des veines hépatiques........	0, 049
Sang de la veine-cave inférieure...	0, 042
Sang de l'artère crurale.	0, 023

Ainsi, àprès trois jours d'une abstinence complète, on a encore trouvé du sucre dans le sang de la veine porte et dans le sang artériel.

Troisième expérience.

Un chien fut laissé sans nourriture pendant huit jours. Après avoir produit l'anesthésie par le chloroforme, on ouvrit l'abdomen, et on recueillit, séparément, du sang de la veine porte, du sang des veines hépatiques, et du sang de l'artère crurale. L'estomac et les intestins étaient vides, rétractés et pâles. On a dosé la quantité de sucre contenue dans le sang, et on a obtenu les chiffres suivants :

	Sucre pour 100 gr. de sang.
Sang de la veine-porte	» »
Sang des veines hépatiques	0, 022
Sang de la veine-cave	Traces.

Chez un autre chien, à jeun depuis quatre jours, on n'a pas trouvé de sucre dans le sang de la veine porte avant son entrée dans le foie, tandis qu'on en a rencontré dans le sang des veines hépatiques.

Quatrième expérience.

Un chien jeune et vigoureux, à jeun depuis deux jours, a été nourri pendant huit jours avec de la viande cuite, puis, après trente-six heures d'abstinence d'aliments, il reçut un repas copieux de viande cuite. Il fut ensuite chlorformisé en pleine digestion, et on recueillit du sang de la veine porte, du sang des veines hépatiques, du sang de la veine cave, du sang de l'artère crurale, du sang du ventricule droit du cœur, et enfin les matières alimentaires contenues dans l'estomac et dans l'intestin grêle.

On fit l'analyse de ces différents produits, et on trouva :

<table>
<tr><td></td><td align="right">Sucre pour 100 gr. de sang.</td></tr>
<tr><td>Sang de la veine-porte ....</td><td align="center">»   »</td></tr>
<tr><td>Sang des veines hépatiques ...</td><td align="center">0, 340</td></tr>
<tr><td>Sang de la veine-cave ....</td><td align="center">0, 083</td></tr>
<tr><td>Sang de l'artère crurale.......</td><td align="center">0, 032</td></tr>
<tr><td colspan="2">Sang du ventricule droit du cœur. Quantité indéterminée.</td></tr>
</table>

Les matières alimentaires, traitées d'abord par l'alcool à 90 degrés, puis par l'eau, et enfin par la liqueur de Frommersh, ne contenaient aucune trace de sucre.

Chez un autre chien nourri également pendant huit jours avec de la viande cuite, et sacrifié trois heures après le dernier repas, le sang des veines sus-hépatiques a fourni 152 milligrammes de sucre pour 100 de sang, tandis que le sang de la veine porte n'en contenait pas.

Dans une troisième expérience faite dans les mêmes conditions, l'analyse a donné les résultats qui suivent :

<table>
<tr><td></td><td align="right">Sucre pour 100 gr. de sang.</td></tr>
<tr><td>Sang de la veine-porte ....</td><td align="center">»   »</td></tr>
<tr><td>Sang des veines hépatiques......</td><td align="center">0, 159</td></tr>
<tr><td>Sang de l'artère crurale.........</td><td align="center">0, 060</td></tr>
</table>

Les matières contenues dans le tube digestif ne renfermaient pas de sucre.

Les résultats des analyses de la troisième série d'expériences sont résumés dans le tableau suivant :

ALIMENTATION.	QUANTITÉ DE SUCRE POUR 100 GR. DE SANG.				
	Sang de la veine-porte	Sang des veines hépatiques.	Sang de la veine-cave inférieure.	Sang artériel.	Matières alimentaires
Pain et bouillon gras.	0. 322	0. 327	0. 103	0. 052	Beaucoup
Pain et bouillon gras.	0. 262	0. 267		0. 132	de sucre.
Abstinence depuis 3 jours........	0. 025	0. 019	0. 042	0. 023	
Abstinence depuis 8 jours............	» »	0. 022			
Viande cuite.........	» »	0. 340	0. 083	0. 032	»
Viande cuite.	» »	0. 152			»
Viande cuite.........	» »	0. 159		0. 060	»

CONCLUSIONS.

Il résulte des expériences consignées dans ce mémoire :

1° Que le sucre peut se former dans l'économie aux dépens des aliments azotés et peut-être des corps gras ;

2° Que l'alimentation absolue à la graisse ne semble pas diminuer la proportion de sucre dans l'organisme ;

3° Que les aliments amylacés se transforment en sucre par l'action digestive ;

4° Que chez les animaux nourris avec des matières amylacées, le sang de la veine porte contient une proportion considérable de sucre ;

5° Que chez les animaux nourris avec de la viande, il n'existe pas de sucre dans le sang de la veine porte ; qu'on en trouve, au contraire, une quantité notable dans les veines hépatiques, dans la veine cave inférieure, et même dans le sang artériel.

6° Que le sang de la veine porte des animaux soumis à l'abstinence complète ne contient pas de sucre ;

7° Que, par conséquent, on est bien obligé d'admettre que, chez les animaux nourris avec des matières azotées et de la graisse, la production du sucre a lieu dans le foie.